KB233418

공룡의 똥을 찾아라

초판 1쇄 2013년 7월 20일

글 폴커 프레켈트 | **그림** 데레크 로크첸 | **옮김** 유영미 | **감수** 백두성
펴낸이 김영은 | **기획 총괄** 정인진 | **영업 총괄** 박하연 | **편집** 박사례 | **디자인** 고문화
펴낸곳 도서출판 책빛
출판 등록 2007.11.2.제 406-000101호
주소 경기도 고양시 일산동구 무궁화로 7-63 1206
전화 070-7719-0104 | **팩스** 031-918-0104
전자우편 booklight@naver.com
블로그 http://blog.naver.com/booklight
ISBN 978-89-6219-127-1
ISBN 978-89-6219-126-4(세트)

＊잘못된 책은 구입한 곳에서 바꾸어 드립니다.

ZICKE ZACKE DINOKACKE! : Was die Forscher in Riesenhaufen finden und was sie ber die schrecklichen
Echsen wissen by Volker Pr kelt, with illustrations of Derek Roczen
© 2012 Arena Verlag GmbH, W rzburg, Germany
Korean Translation Copyright © 2013 by Booklight Publishing Co.
All rights reserved
The Korean language edition is published by arrangement with
Arena Verlag GmbH through MOMO Agency, Seoul.

「이 도서의 국립중앙도서관 출판시도서목록(CIP)은 서지정보유통지원시스템 홈페이지(http://seoji.nl.go.kr)와
국가자료공동목록시스템(http://www.nl.go.kr/kolisnet)에서 이용하실 수 있습니다.(CIP제어번호: CIP2013011169)」

공룡의 똥을 찾아라!

폴커 프레켈트 글 | 데레크 로크첸 그림

유영미 옮김 | 백두성 감수

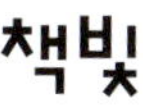

책빛

글쓴이

폴커 프레켈트는 텔레비전에 나오는 뻔뻔한 생쥐 '마르비 헤머'를 창조했고, 마르비 헤머의 오디오북으로 '올해의 독일 음반상'을 수상했습니다. '공룡들은 점점 슬퍼지네'라는 노래를 좋아한답니다. 이 노래는 공룡이 몸집이 너무 커서 노아의 방주에 들어가지 못했다고 나오지요. 공룡이 멸종한 정확한 이유는 아무도 모른답니다.

그린이

대레크 코크첸은 그림과 애니메이션을 공부하고, 책에 일러스트를 그리고 있습니다. 텔레비전 애니메이션도 개발하고 있지요. 단편 영화 '캡틴 브라이'와 '곰 신부'를 제작하여 많은 페스티벌에 선보였습니다. 라인 강 주변 쾰른에 살며, 다음번 쾰른 카니발에서 공룡으로 변장할 예정입니다.

목차

8 공룡 영화관

10 경매에 붙여진 티라노사우루스 렉스

14 공룡 똥을 찾아서 백악기의 슈퍼 루이스

22 공룡이 들려주는 이야기

26 메리 애닝과 악마의 발톱

30 원시 바다에서는 무슨 일이 일어났을까?

34 공룡선의 몬스터

38 뼈대 손질 공룡 사냥꾼들의 발굴 전쟁

46 '열려라! 지식 시리즈'에서 익룡을 찾고 있어요

50 공룡 여행을 떠나요

54 나는 훌륭한 공룡학자가 될 수 있을까?

57 공룡 사냥꾼의 하루

58 거대 파충류의 종말

62 공룡이 우리에게 남긴 것

64 루이스와 톰의 작별 인사

65 공룡을 만날 수 있는 박물관 정보 한국·독일·세계 각 지역

70 공룡 시대 연대표 및 해답

등장인물

루이스

얘들아, 안녕! 난 공룡을 좋아해.
내가 들고 있는 것은 등에 삐죽삐죽 커다란
골판들이 달려 있는 스테고사우루스야.
어느 날 거대한 공룡이 눈을 껌벅이며
내 방 창문을 들여다본다면 얼마나 멋질까?

톰 '다코타' 타너

안녕? 공룡 팬 여러분! 나는 톰이야.
고생물학자란다. 고생물학자는 원시 시대를
연구하는 사람이야.
내 친구들은 나를 '다고타'라고 불러.
미국의 사우스다코타 주에서
티라노사우루스 렉스의 흔적을 많이
발견했는데, 그때 나도 발굴에 참여했기
때문이야.

브라키오

앞다리가 뒷다리보다 길어
'팔 도마뱀'이라는 뜻을 가진
브라키오사우루스라는 초식 공룡이야.
다른 공룡의 공격을
긴 꼬리로 막았단다.

헤레라

헤레라사우루스인데,
매우 날카로운 이빨과 발톱을 가진
육식 공룡이야.

프투스

자신을 공룡의 가까운 친척이라고 생각하는
아주 영리한 까마귀란다.
날아서 시간 여행을 하다 보니
트라이아스기, 쥐라기, 백악기를
아주 잘 알지.

카리엑스

1억 2천만 년 전에 오늘날의
중국 지역에서 살았던 인키시보사우루스야.
입은 커다랗지만 몸집은 작은 초식
공룡이란다.

공룡 영화관

지구가 생긴 이후, 공룡이 탄생하는 과정을 보여 주는 영화 한 편 함께 볼까요?
혼자 보면 재미없으니까 친구도 함께 보러 가요. 영화관 안에서 자리를 잘
잡았나요? 이제 영화가 시작됩니다.

그런데 뭐 이렇게 지루한 영화가 다 있나요? 영화가 시작된 지 한참 지났는데
화면에는 아무 일도 일어나지 않는 거예요. 그러더니 어느 순간 화면이
타오르는 불처럼 빨갛게 변하고, 웅장한 목소리가 울려 퍼졌어요. "지구는
타오르는 공이었어요. 마그마와 용암, 가스투성이었죠."
"공룡은 대체 언제 나와?" 옆에 앉은 친구가 하품을 하면서 말했어요. 글쎄요.
도대체 공룡은 언제 나올까요? 영화 속에서는 하염없이 비가 내렸어요. 너무
지루해서 꾸벅꾸벅 졸기 시작했어요.
깨어 보니 여덟 시간이나 지난 뒤였어요. 그런데 영화는 아직도 끝나지
않았어요. 화면에는 온통 물만 보였어요. 물속에 바닷말, 균류, 못생긴
물고기들이 있었어요. 이것이 원시 바다래요! 그러고 나서 물속에서 땅덩어리가
떠다니는 장면이 나오더니 "판게아!"라는 소리가 들렸어요. "판게아, 최초의

거대한 대륙!"

다음 장면에서는 양치류와 야자나무 사이로 거대한 잠자리와 기다란 다족류가 바쁘게 돌아다니고, 쩍쩍 소리를 내며 새로운 대륙들이 생겨났어요. 로라시아 대륙(초대륙 판게아(Pangaea)가 갈라져 형성된, 과거 북반구에 존재했던 대륙의 이름. 나중에 북아메리카 대륙과 유라시아 대륙으로 분리되었음: 옮긴이)과 곤드와나 대륙(고생대 후기부터 중생대에 걸쳐 남반구에 널리 분포했다고 생각되는 거대한 대륙의 이름. 현재의 남아메리카, 아프리카, 오스트레일리아, 남극 대륙 이외에 마다가스카르, 인도 대륙 등을 포함함: 옮긴이)이라는군요.

다음 순간 영화관 전체가 진동을 했어요. 드디어! 영화를 시작한 지 열한 시간 반 만에 브라키오사우루스와 티라노사우루스 렉스가 등장한 거예요. 자, 그럼 공룡들의 쇼를 볼까요!

30분 동안 정말이지 요란하고 정신이 없었어요. 그러더니 거대한 공룡들이 순식간에 사라졌어요. 그리고 인간이 등장하자마자 눈 깜짝할 사이에 영화는 끝나 버렸지요. 마지막으로 이런 목소리가 들렸어요. "현재까지 지구 역사를 열두 시간으로 나누어 본다면, 인간이 등장한 것은 열두 시가 되기 직전 불과 몇 초 전이랍니다."

티라노사우루스 렉스, FBI에 체포되다
티라노사우루스 렉스!
기원전 6천7백만 년에 어디에
숨어 있었죠?
음,
백악기 깊은 곳에요!
TYRANNOSAURUS
REX

공룡 공원에서의 휴가
전혀
친절해 보이지
않는걸.
위험하다 싶으면
도망쳐요.
티라노사우루스
렉스는 빠르지
않거든요.
새로 튜닝하지
않았다면 말이지?
음, 한 시간에
40킬로미터쯤
달리지.

경매에 붙여진 티라노사우루스 렉스

티라노사우루스 렉스에 관한 다음 이야기는 정말로 일어날 수 있는 일일까요?

티라노사우루스 렉스가 FBI에 체포되었다고?

정말 있었던 일이에요! 1990년 여류학자 수 헨드릭슨이 사우스다코타 주의 한 농장에서 티라노사우루스 렉스의 뼈를 발견했어요. 그 공룡은 발견자의 이름을 따서 '수'라는 애칭으로 불렀지요.

그런데 '수'를 둘러싸고 골치 아픈 일이 일어났어요. 농장주가 자기 땅에서 발견한 티라노사우루스는 단연코 자기 소유라고 주장했기 때문이지요. 그러자 FBI가 나서서 티라노사우루스의 화석들을 압류한 가운데, 몇 년에 걸쳐 재판을 했답니다. 마침내 농장주가 재판에서 이겨, 티라노사우루스 렉스 '수'는 경매에 붙여졌지요. 시카고의 한 박물관이 760만 달러에 낙찰받았어요. 티라노사우루스의 화석이 경매에 붙여진 것은 이때가 처음이었답니다.

시카고 자연사 박물관에 전시되어 있는 티라노사우루스 렉스 '수'

티라노사우루스 렉스 '수'를 오랫동안 암컷으로 여겼어. 하지만 지금은 수컷이었을 거라고 보는 학자가 더 많대.

공룡 공원에 놀러 간다고?

있을 수 없는 일이랍니다! 살아 있는 공룡들이 누비는 공원은 영화 '쥐라기 공원'에서만 볼 수 있어요. '쥐라기 공원'은 열두 살 이상부터 볼 수 있는 영화지요. 부유한 아저씨가 유전자 기술을 이용하여 공룡들을 부활시킨 다음 공룡 공원을 조성한다는 내용이지요. 처음에는 평화롭게 풀을 뜯는 초식 공룡들 사이를 산책하며 시작된 일이 나중에는 악몽으로 바뀐답니다. 뮌헤하겐 공룡 공원의 공룡들은 당연히 모형이에요. 모두 원래 모습에 충실하게 재현되어 있지요.

진짜 공룡이 아니에요. 하지만 진짜처럼 멋지지요! 뮌헤하겐 공룡 공원의 기가노토사우루스랍니다.

공룡을 뜻하는 영어 단어인 '다이노소어(dinosaur)'는 그리스 어에서 온 말이야. 그리스 어로 무서운 도마뱀이라는 뜻이래. 공룡을 다이노소어라 부르기 시작한 사람은 영국의 학자 리처드 오언(Richard Owen)이었다는군. 리처드 오언은 거대한 공룡을 제작하여 다른 학자들을 식사에 초대했고, 모두들 공룡 배 속에서 식사를 즐겼대.

수수께끼
공룡 사냥꾼 톰 '다코타' 타너는 공룡 전시회를 준비하고 있어요.
그런데 어제 박물관에 몇몇 조각들을 놓아두었는데, 밤사이에 누가 조각을
엉망으로 만들어 버렸어요. 자, 톰을 도와줄 수 있나요? 그림에 있는 것들 중
공룡 전시회에 필요 없는 것은 무엇일까요?

공룡 똥을 찾아서
루이스가 톰 '다코타' 타너에게 묻다

루이스: 타너 교수님, 저…….

타너 교수: 그냥 톰이라고 부르려무나. 이렇게 땀범벅이 되어 화석을 찾을 땐 그냥 편하게 부르는 게 좋아.

루이스: 그럼, 그럴게요. 톰! 지금 막 화석이라고 했는데, 화석이라면 돌이 되었다는 말이잖아요. 그렇다면 뼈가 언제 화석으로 변하나요?

톰: 뼈나 두개골이나 이빨, 즉 몸의 단단한 부분들이 모래나 진흙이나 바위에 덮인 채, 몇백만 년이 지나면 화석이 된단다.

루이스: 그런 화석을 어떻게 발견해요?

톰: 바람과 폭풍우가 암석층을 깎아 내 화석이 드러나는 경우도 있어. 그 밖에 GPR(지표 투과 레이더 Ground Penetrating Radar)로 화석을 감지할 수도 있지. 전자기파를 이용하면 땅속에 무엇이 숨어 있는지 알 수 있거든.

루이스: 흥미롭네요. 화석으로 원시 시대와 멸종된 동물들에 대해 많은 걸 알 수 있나요?

공룡 알 화석 발굴 및 복원 과정
발견 당시 공룡알 화석 노출 상태
목포자연사박물관
한반도 공룡을 깨우는 열쇠를
찾아서 발굴하다!
화석을 덮고 있던 암석 제거 작업을
거쳐 드러난 육식 공룡 둥지

툴: 알 수 있고말고! 바다 동물 화석을 이용해 당시 바닷물에 염분이 얼마나 많이 함유되어 있었는지도 측정할 수 있단다.

루이스: 바닷물이라고? 땅에서 바다 동물들의 화석도 발견돼요?

툴: 물론이지! 지구가 원시 시대와는 완전히 다르게 변했다는 것을 잊으면 안 돼. 독일에서 가장 높은 산 추크슈피체 산 알아?
원시 시대에는 추크슈피체 산도 바닷물에 덮여 있었어.
6억 년 전엔 독일 땅이 지리적으로 남극이었단다.

루이스: 멋지군요! 그 시대에는 어떤 생물들이 있었어요?

툴: 그때는 세균이나 박테리아 같은 생물이 대부분이었어. 그리고 공룡 중에서 가장 오래된 것은 아마도 아르헨티나에 살았던 에오랍토르일 거야.

루이스: 공룡 화석이 얼마나 오래된 것인지 어떻게 알 수 있어요?

툴: 고생물학자들을 탐정이라고 생각하면 이해하기 쉽단다. 그러면 발굴지는 범행 장소라고 할 수 있지. 고생물학자들은 우선 암석층이 얼마나 오래된 것인지를 알아보고, 발굴된 뼈가 우리가 이미 알고 있는 화석과 일치하는지를 점검해. 정확한 연대(나이)는 현대 기술을 이용해 측정할 수 있단다. 바로 '방사성 동위원소 연대 측정법'이지.

루이스: 와우, 굉장한데요! 방사성이라면, 원자를 이용한 기술인가요?

툴: 간단히 말해, 방사성 원자가 붕괴되는 데 걸리는 시간을 기준으로 삼아

연대를 측정하는 거란다. 그런 방법으로 화석이 얼마나
오래된 것인지 알 수 있지. 원시 시대를 연구하는 고생물학자들은 화석을
발굴하는 것 말고도 많은 것을 할 수 있어야 하지.

루이스: 정말 멋지네요.

톰: 하지만 공룡 똥은 엄청나게 구릴걸! 아냐, 아냐. 농담이란다. 사실 화석화된
똥은 냄새가 나지 않아. 똥에서 많은 것을 발견할 수 있지. 소화되지 않은 음식
찌꺼기와 뼛조각 또는 껍질……. 공룡이 뭘 먹었는지 연구하는 것은 흥미로운
일이야. 하지만 아주 지루한 날도 있단다.

루이스: 어떤 날이 엄청나게 지루한가요?

톰: 계속 '어깨뼈'만 나올 때는 지루하기 짝이 없지. 별로 흥미롭지 않은 뼈들을
'어깨뼈'라고 부른단다. 그런 뼈를 발견하면 재깍 어깨너머로 던져 버리지.

포투스의 지식 보따리

공룡 역시 일을 보려면 일단 덤불로 갔어. 쇠뜨기와 은행나무 사이에 똥을
누었지. 이렇게 화석화된 똥을 돌대변(coprolith)이라고 불러.

백악기의
슈퍼 루이스

이렇게 이른 아침에 무슨 전화일까? 불길한 예감.
삐르릉, 삐르릉!
뭐라고? 알았어. 미란다, 곧 따라갈게!
어서 가자.
비행장으로
알았어, 슈퍼 루이스! 트라이아스기로 가 보자.
공룡들이 내 여동생을 데려갔대. 원시 시대로.
나의 충성스러운 익룡 오도가 기다린다
원시 공룡들에게로 출발!
와우, 시간 터널이다!
트라이아스기: 2억 5천1백만 년에서 1억 9천9백만 년 전까지.

오도가 이렇게 먼 옛날까지 날아 본 건 이번이 처음이다.
와우! 헤레라사우루스다. 몸집이 더 클 줄 알았는데, 생각보다 작네.
원시 포유류
미안해, 슈퍼 루이스. 나의 태곳적 조상들은 그렇게 크지 않았어.

미란다라는 애 봤어?
그 시끄러운 여자애 말이니?

쥐라기 방향으로 사라졌는데.
잘 찾길 바라!
내가 클 때까지 기다려.

쥐라기로 가자!

1억 9천9백만 년에서 1억 4천5백만 년 전까지.

헤이, 브라키오사우루스!
너, 미란다 봤어?
여자애 말이니?
벌써 갔는데.
육식 공룡이
너무 많아!
난 아무래도
도망가야
할까 봐.
쟤가 어때서?
꼬맹이잖아.
GRRRRRRRRRR
알로사우루스!
도망가자!
다들 어디 가는 거지?

백악기만 남았어.
백악기: 1억 4천4백만 년에서 6천5백만 년 전까지
?
백악기 서커스
이게 뭔일?
브라보, 미란다!

미란다가 상당히 즐거워 보이네.
이거 참, 유감이군.

다음번에는 너 혼자 집에 찾아와.
백악기 서커스
다시는 백악기에 오지 말아야지!
미란다가 또 타임머신을 만진 거야. 여동생을 돌보는 건 정말 짜증 나!
END 끝

브라키오사우루스

때:	약 1억 5천만 년 전
몸길이:	30미터
몸무게:	28톤
영양:	초식 동물
특징:	가벼운 뼈

헤레라사우루스

때:	약 2억 2천8백만 년 전
몸길이:	3미터
몸무게:	228킬로그램
영양:	육식 동물
특징:	전형적인 원시 공룡

벨로키랍토르

때:	약 8천5백만 년 전
몸길이:	2미터
몸무게:	20킬로그램
영양:	육식 동물
특징:	무리 지어 사냥

트리케라톱스

때:	약 7천6백만 년 전
몸길이:	9미터
몸무게:	10톤
영양:	초식 동물
특징:	세 개의 뿔

티라노사우루스 렉스

때:	약 6천7백만 년 전
몸길이:	13미터
몸무게:	7톤
영양:	육식 동물
특징:	날카로운 이빨

파라사우롤로푸스

때:	약 8천만 년 전
몸길이:	10미터
몸무게:	4톤
영양:	초식 동물
특징:	소리를 낼 수 있음

안킬로사우루스

때:	약 7천5백만 년 전
몸길이:	10미터
몸무게:	4톤
영양:	초식 동물
특징:	곤봉 모양의 꼬리

공룡이 들려주는 이야기
루이스가 작은 공룡과 큰 공룡에게 묻다

루이스: 안녕! 너희들을 만나 정말 기뻐. 자, 그럼
곧장 본론으로 들어갈까? 너희들의 번식 방법은 그러니까…….

헤레라: 알 낳는 거 말이야?

루이스: 그래! 바로 그 말을 하려던 참이야.
그러니까 알을 낳긴 낳는데……. 어이, 브라키오! 너희 알은 엄청 크겠다?

브라키오: 그렇게 크진 않아. 물론 축구공보다는 크지. 단단하기도 하고.

헤레라: 크든 작든, 우리는 모두 알을 잘 지켜. 유명한 화석이 그것을
보여 주지. 알이 스물두 개나 있는 둥지에서 팔로 알들을 지키려는 모습의
오비랍토르 화석 봤어?

브라키오: 패션쇼라도 나갈 것처럼 깃털 달린 팔로 말이지? 패션쇼에 가면 랩터
뮤직이 흐르고 미트볼도 주나?

헤레라: 쳇! 우린 최소한 너희 초식 공룡들처럼 돌을 먹지는 않는다고.

루이스: 그리고 보니 나도 들은 적이 있는 것 같아. 초식 공룡들은 배 속에 돌을
넣고 다닌다는 이야기. 풀 같은 걸 소화시키려고 그런다며? 그럼 평생 배 속에
돌을 넣고 다니는 거야?

브라키오: 다 닳은 돌은 다시 몸 밖으로 배출해. 한동안 덤불 속에 앉아 힘을 주어 밀어 내지. 그런 다음 새로운 돌을 삼켜. 돌은 아주 중요해. 우리는 하루에 500킬로그램이나 되는 풀을 먹어 치우기 때문이지.

헤레라: 아, 그래서 네 똥이 그렇게 무지막지한 거로구나! 더러워서 정말!

브라키오: 너 같은 육식 공룡은 아무것도 꺼리는 게 없을 거라고 생각했는데. 덩치 큰 애들만 그런가?

루이스: 너희들, 싸우지 마. 궁금한 게 또 하나 있는데, 공룡들은 잘 때 누워서 자?

헤레라: 난 그래.

브라키오: 난 그냥 서서 졸아. 몸무게가 30톤이나 되는데, 누워서 자다가 위험이 닥치면 금세 일어설 수 없거든.

루이스: 커다란 시어러파드(Theropod: 육식 공룡의 일종)를 무서워하나 보군. 알로사우루스 같은 공룡들 말이야. 그런 공룡들 틈바구니에서 어떻게 자신을 지킬 수 있지?

공룡의 지능이 어느 정도였는지 궁금하다고? 물론 학자들도 그게 궁금해서 공룡의 두뇌 크기를 연구하지. 가장 머리가 좋은 공룡은 벨로키랍토르래. 스테고사우루스는 거의 돌머리라는군.

육식 공룡인 알로사우루스의 이빨을 보세요. 진짜 공룡은 아니지만 무시무시하죠?

브라키오: 한 동료가 망을 보다가 경고를 해 줘. 또한 꼬리로 명중시키면 때려눕힐 수도 있고.

헤레라: 우리는 숨어 버려. 줄행랑을 치든가.

루이스: 마지막 질문이야. 너희는 바깥 기온에 따라 체온이 변하는 변온 동물(냉혈 동물)이니, 아니면 온혈 동물(정온 동물)이니?

헤레라: 난 태양이 떠올라야 힘이 나는 변온 동물이야.

브라키오: 난 온혈 동물이야. 체온이 늘 일정하지. 몸집이 커서 그렇다는군.

루이스: 알려 줘서 고마워.

메리 애닝과
악마의 발톱

메리는 최초의 공룡 사냥꾼이었어요. 남잉글랜드의 절벽을 수색해서 화석을 발견했지요! 포투스가 메리의 일기를 발견했답니다.

1812년 마지막 날

올해에 나는 많은 화석을 발견했다. 특히 '뱀 화석!'들을. 우리는 화석을 팔아 돈을 마련했다. 우리가 발견한 최고의 화석은 뾰족한 이빨에 길이가 일 미터가 넘는 두개골 화석이었는데, 마치 원시 바다 파충류처럼 우리를 쏘아 보았다. 다음번에 바람 불고 비가 오면 나머지 뼈들이 드러날 것이다. 이게 무슨 동물일까? 내가 집안일을 거들어 주는 스톡 부인 집에 가서 책을 찾아보면 답을 알 수 있을지도 모른다. 지금까지 알려진 동물 중 그런 뼈를 가진 동물이 없다면, 인간보다 먼저 살았던 동물이라고 봐도 될까? 목사님은 그럴 리가 없다고 하실 것이다. 목사님은 우리가 발견한 것을 '악마의 발톱'이라고 부른다. 목사님은 하느님이 세상을 일주일 만에 창조하셨다고 말한다. 모든 동물과 인간을. 그러나 내겐 그런 설명만으로는 뭔가 부족하다.

암모나이트

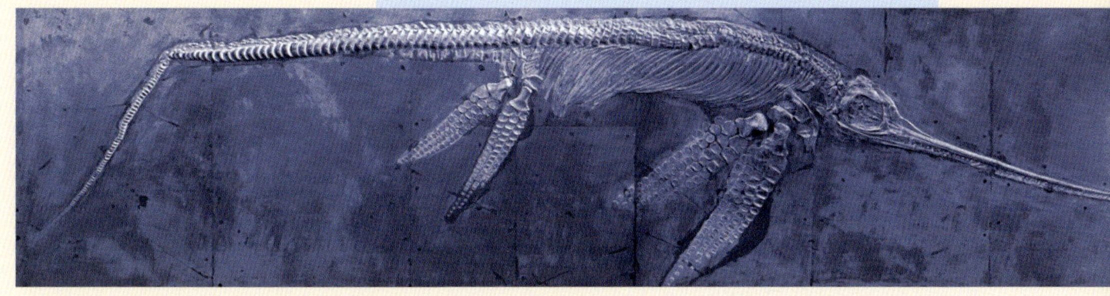

1822년 마지막 날

우리는 교회의 쥐처럼 가난하다. 하지만 다행히 오빠가 일자리를 얻었다. 이제 나 혼자 화석을 찾아 해안을 뒤진다. 나는 그 두개골의 나머지 뼈를 찾았다. 자그마치 5미터에 달했다! 몇몇 사람들이 발굴을 도와주었다. 때로 학자들이 들러서는 왈가왈부했다. 내가 발견한 '바다 괴물'은 머리는 물고기와 비슷하고, 신체 뼈는 육지 척추 동물과 비슷하기 때문이다. 이 두 가지가 어떻게 어울릴 수 있을까?

1823년 마지막 날

또 하나의 새로운 발견. 도와준 분들에게 감사한다. 밀물 때가 되기 전에 척추뼈를 100개 발굴해 냈다. 대체 어떤 생물체가 이처럼 특이할까. 악어 같은 이빨, 작은 머리, 뱀 같은 목. 잘된 것은 프랑스의 과학자 조르주 퀴비에가 내 스케치를 보고 싶어 한다는 것이다.

1824년 마지막 날

나쁜 소식. 퀴비에가 내 말을 믿지 않는다! 이런 동물은 있을 수 없다고 적어 보냈다. 나는 너무나 절망했다. 그러나 런던에서 한 학자가 다른 학자들 앞에서 나를 변호해 주었다. 나의 플레시오사우루스는 진짜다! 나는 계속 찾을 것이다.

꿈같은 발굴. 이 원시 동물은 분명히 날 수 있었다. 발톱은 아주 날카로웠을
것이다. 내일 나는 다시금 암모나이트를 모을 것이다. 모든 것이 돈이다.
다행히 나는 크리스마스에 새로운 나막신과 따뜻한 외투를 얻었다.

메리 애닝은 어떤 사람이었을까?

메리 애닝은 1799년 5월 21일 남잉글랜드에서 태어났어요. 형제가 많았고
집은 가난했어요. 메리의 아버지는 화석을 발굴하여 팔아서 생계에 보탰어요.

하지만 아버지는 메리가 11세 때
결핵으로 일찌감치 세상을 떠났답니다.
아버지가 돌아가시고 얼마 되지
않아 메리는 이크티오사우루스를
발견했어요. 메리는 학교를 몇 주밖에
다니지 못했지만, 책을 통해 지식을
쌓았답니다. 47세에 세상을 떠나지
않았더라면, 놀라운 것을 더 많이
발견했을 거예요.

메리 애닝은 이크티오사우루스와
플레시오사우루스를 발견했어요.
이 그림에서 이상한 부분들을 찾아볼래요?

원시 바다에서는 무슨 일이 일어났을까?
루이스가 톰 '다코타' 타너에게 묻다

루이스: 메리 이야기 멋지네요. 메리는 나중에 교수가 되었겠죠?

톰: 아니란다! 세상을 떠난 뒤에야 지리학회의 명예 회원이 되었지. 메리가 살았던 당시에는 거의 남자들만 학문을 할 수 있었고, 게다가 경쟁이 아주 심했단다.

루이스: 공룡들처럼 육지, 바다, 공중을 가리지 않고요?

톰: 그래. 그런데 보통 공룡이라고 하면 육지 공룡을 말하지. 바다 공룡(어룡)과 날아다니는 공룡(익룡)은 별개로 본단다.

루이스: 그럼 이크티오사우루스는 어룡에 속하겠네요.

프투스의 지식 보따리

백악기에는 새들도 바닷속에서 살았어. 우리 조상인 바닷새 헤스페로르니스(*Hesperornis*)처럼 말이야. 헤스페로르니스는 커다란 펭귄처럼 파도타기를 하다가 먹잇감을 보면 번개처럼 빠르게 잠수해서 부리로 먹잇감을 잡았어. 육지에서는 배를 땅에 대고 기어 다녔어.

톰: 그래. 이크티오사우루스는 커다란 물고기와 비슷했단다. 메리는 특히 남잉글랜드 연안에서 이크티오사우루스의 화석을 많이 발견했어.

루이스: 나중에는 플레시오사우루스의 화석도 발견했죠? 플레시오사우루스는 몸집이 더 크고 강했나요?

톰: 물론이지! 플레시오사우루스는 더 작은 어룡들을 사냥했어. 플레시오사우루스는 목이 아주 길었지. 엘라스모사우루스의 목도 아주 길어서 8미터나 되었어. 고개를 물 위로 빼고 수영하다가, 사냥할 때는 다시 물속으로 넣었을 거야.

루이스: 설마 '로크네스(네스 호(Loch Ness)에 관한 영화)'에 나오는 괴물처럼 목이 길지는 않았겠지요?

리처드 오언(Richard Owen)은 19세기의 중요한 공룡 연구자였어. 오언은 공룡 화석을 기존에 알려진 커다란 동물의 뼈와 비교했지. 한번은 죽은 무소를 집으로 날라 오게 한 적도 있어. 부인이 아주 질색했을 거야.

톰: 하하하! 네스 호에 산다는 동물 네시는 정말로 플레시오사우루스와 비슷하게 생겼어. 네시는 상상의 동물이야. 단 하나밖에 없는 네시의 사진은 오래전에 위조로 판명이 났지. 그 사진을 찍은 사람은 장난감 잠수함으로 네시의 머리를 만들었단다.

루이스: 그럴 수가……. 그럼 어룡 중 가장 사나운 동물은 뭐였어요?

톰: 백악기의 플리오사우루스가 가장 사나웠어. 독일의 공룡 사냥꾼 에버하르트 프라이가 멕시코에서 플리오사우루스 화석을 하나 발굴했는데, 길이가 18미터에 달하고, 거대한 지느러미가 네 개나 있었어. 어린 동물이었는데도 말이야!

루이스: 세상에!

톰: 그로부터 몇 년 뒤 노르웨이의 고생물학자들이 공룡이 많이 묻혀 있는 곳을 발견했는데, 플리오사우루스의 뼈 안에 이크티오사우루스의 이빨이 박혀 있었어.

루이스: 그러니까 이크티오사우루스가 저항을 했다는 거네요?

룸: 작은 동물도 그냥 잡아먹히지는 않았겠지. 모사사우루스라는 어룡이
있는데, 길이가 최대 18미터에 이르고, 먹잇감을 물어뜯을 수 있도록
이빨이 뒤쪽으로 구부러져 있었어. 그들은 물고기만으로 만족하지 않았어.
모사사우루스 중 가장 화려한 화석은 네덜란드의 마스트리흐트에서
발견되었어. 북유럽에도 거대 파충류와 공룡이 우글거렸거든. 거기에 대해서는
나중에 이야기하자꾸나.

네시 이야기가 나왔으니 말인데, 바다 공룡, 즉 어룡은
육지 공룡과 더불어 멸종했어. 그들의 뒤를 이어 거대 상어
메갈로돈이 원시 바다를 지배했지. 메갈로돈의 입은 창고 문처럼
컸고, 무는 힘은 백상아리보다 열 배는 더 강했대.

공룡선을 타고 여행하는 것은 라몬의
꿈이었어요. 하지만 밤이 되자…….
그 이야기를 지금부터 해 볼게요.
APATOSAURUS

공룡선의 몬스터

새처럼 생긴 머리가 위협하며 공중으로 들렸다. 키가 5미터나 되는 아우스트로랍토르! 나는 갑판으로 올라갔다. 뱃전이 흔들리고 화물칸에서 찢어지는 듯한 소리가 울렸다. 안 돼! 도와줘! 기가노토사우루스가 풀려났다. 벌써 함교를 올라오는 거대한 두개골의 그림자가 보였다. 김이 모락모락 피어오르는 침이 연신 입에서 뚝뚝 떨어졌다. 기가노토사우루스는 화가 난 나머지 구명보트 쪽으로 몸을 구부리더니 냉큼 보트를 물어뜯었다. 나는 떨리는 다리로 기다시피 선실 쪽으로 가서 선실 문을 열었다. 그 순간 또 한 마리의 아우스트로랍토르가 나를 쏘아보았다.

아아아아아악! 나는 내 목소리에 놀라 깨어났다. 공룡선에 탔으니 이런 꿈을 꾸는 것도 놀랄 일은 아닐 것이다. 내가 탄 이 아르헨티나의 화물선은 원래는 자동차를 운반하는 화물선이다. 그런데 다섯 개의 컨테이너에 아주 깨끗하게 분류된 공룡 뼈가 들어 있다. 이 공룡 뼈들은 우리 삼촌 에르네스토가 몇 년 전에 발굴한 것들이다.

아침 식사를 하기 전에 나는 갑판이 괜찮은지를 살폈다. 구명보트도 유심히 살펴보았다. 공룡이 물어뜯은 자국은 없었다.

열린 화물실에서 삼촌이 투덜거리는 소리가 들려왔다. 삼촌은 한 컨테이너 앞에 쪼그리고 앉아 자신의 빈손을 뚫어져라 바라보았다. "갈매기란 놈이 방금 손가락뼈를 훔쳐 갔어! 자그마치 8천5백만 년 된 건데!"

삼촌은 매우 실망스러워했다. 삼촌의 평생 소원은 희귀한 공룡 뼈를 독일로 가져가는 것인데, 그 진귀한 공룡 뼈가 없어진 것이다. "빌어먹을 새 같으니라고! 뚜껑을 아주 잠시 열었을 뿐인데." 삼촌이 탄식했다.

나는 컨테이너를 가리키며 말했다. "삼촌, 여기 이 뼈들 진짜예요? 나는 모형인 줄 알았어요!" "그렇지 않아! 다 진짜야!" 에르네스토 삼촌이 고함을 질렀다. 나는 삼촌의 마음을 다른 데로 돌리려고 했다. "참, 기가노토사우루스 말인데요, 진짜예요, 모조품이에요?" "그건 모조품이야." 삼촌은 찌푸린 표정으로 퉁명스럽게 말했다. "두개골만 해도 얼마나 무겁겠어?" 따라서 궤짝 속에 들어 있는 건 그저 플라스틱 모조품일 뿐이었구나! "역시!" 나는 안도했다. "휴, 악몽을 꾸었는데……."

삼촌이 엄한 눈초리로 나를 바라보았다. "라몬, 잠들기 전에 DVD 같은 거 보지 마. 알았지? 그나저나 삼촌의 악몽은 뭔지 아니? 아침 식사에 스크램블 에그만 나오는 거야. 자, 가서 아침 먹자."

구명보트 곁을 지나가면서 나는 다시 한 번 힐끔 곁눈질을 했다. 그런데 보트 속에 당근처럼 구부러진 허연 조각이 있는 게 아닌가! "삼촌, 이것 좀 봐요. 아무래도 갈매기의 입맛에 맞지 않았나 봐요." 삼촌이 기쁜 나머지 내 등을 탁 치는 바람에 나는 잠시 숨이 막혔다.
삼촌은 웃으며 나를 와락 껴안았다. "라몬, 너 아무래도 공룡 사냥꾼이 될 만한 자질이 있는 것 같다!" 나는 보트로 기어가 귀중한 손가락뼈 화석을 가져왔다.

"카르노타우루스 거야. 눈 위에 뿔이 달려 있는 공룡이지." "이거 진짜 뼈예요?" 내가 물었다. 삼촌은 뼈 조각을 입으로 가져다 대었다. "혀로 핥아 봐. 그러면 진짜라는 걸 알 수 있어. 미세한 모세관들 때문에 혀가 달라붙거든. 한번 시험해 볼래?" 삼촌이 말했다. "아뇨. 아침 먹기 전에는 싫어요."

공룡의 이름은 복잡하고 어려워요.
아래에 공룡 이름 다섯 개가 있어요.
그런데 그중 하나는 가짜 이름이에요.
가짜 이름을 찾아보세요.

뼈대 손질
루이스가 툴 '다코타' 타너에게 묻다

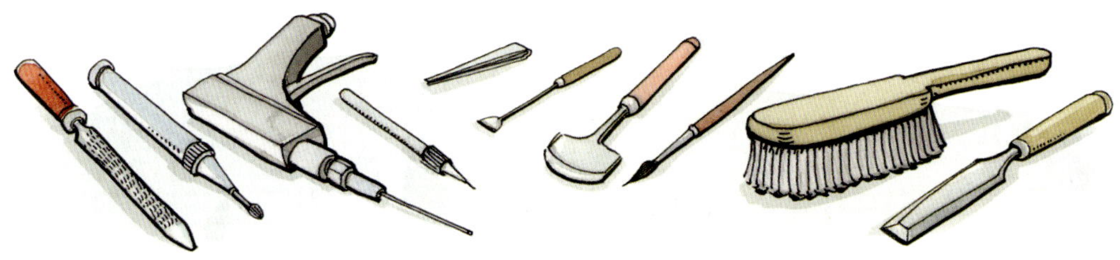

툴: 도구들을 좀 가져왔어. 화석을 발굴하여 표본으로 만들 때 필요한 것들이지.

루이스: 솔, 끌, 빗자루……. 또 뭐가 있어야 할까? 진공청소기?

툴: 진공청소기와는 반대로 바람을 내보내는 노즐이 필요해! 공룡 뼈대를 맞추는 사람들은 노즐을 가지고 일을 한단다. 티라노사우루스 렉스 수의 뼈대도 노즐로 쉭쉭 하고 오염을 제거했어. 베이킹파우더를 뿌리면 더러움을 없애고 뼈를 무사히 보존할 수 있단다.

루이스: 무슨 청소용 제품 광고처럼 들리네요. 그런데 시카고 자연사 박물관에 있는 수처럼 거의 13미터에 이르는 무시무시한 공룡 표본을 제작하는 데 시간이 얼마나 걸려요?

톰: 아주 오래 걸린단다. 수의 경우 뼈를 다 발굴한 뒤에도 표본을 만들기까지 2만 5천 시간이나 작업을 해야 했어.

루이스: 그렇게 오랫동안요? 참을성이 아주 많아야 하겠네요.

톰: 그런 다음에야 58개의 뾰족한 이빨에 몸무게가 7톤에 달했던 수의 모습이 상세히 드러났지. 수는 살아 있을 때 갈비뼈가 몇 개 부러지고, 이빨에 심한 염증이 있었으며, 척추에도 문제가 있었던 걸로 나타났어.

루이스: 수가 어떻게 죽었는지도 알아냈나요?

톰: 작은 기생충에 감염되어 더는 먹지 못하고 굶어 죽었던 것 같아. 연구자들은 거대한 두개골 속이 어떤 모양이었을지 궁금해했어. 두개골을 아주 조심스럽게 운반했지. 두개골 뼈 몇 개는 아주 얇고 약했거든.

루이스: 부활절 토끼 초콜릿처럼요? 토끼 초콜릿처럼 속이 비어 있지 않다면 좋을 텐데…….

톰: 티라노사우루스 렉스는 뇌가 다른 공룡들보다 컸어. 하지만 생각하는 부분인 종뇌는 작았어. 두개골 뼈를 복원하는 것은 정말 힘들었지.

루이스: 왜요?

톰: 두개골이 너무 무거워서 나머지 뼈들이 두개골을 지탱하기가 힘들었어. 근육도 없는 상태에서 지탱해야 하니까 말이야. 물론 학자들은 수의 두개골이 박물관에서 박살나는 걸 원치 않았단다. 그래서 더 가벼운 재료로 두개골 모형을 만들었지.

루이스: 다른 뼈들도요?

톰: 수의 경우는 그러지 않아도 되었어. 결국 90퍼센트는 진짜 뼈들을 사용했지. 뼈를 섬세하게 짜맞추었고. 이 모든 것을 견디고 살아남은 티라노사우루스 렉스는 진짜같이 보인단다.

루이스: 정말 진짜 같아 보여요. 금방이라도 무시무시한 소리를 내며 누군가를 덮칠 것만 같아요!

티라노사우루스 렉스를 최초로 발견한 사람은 1902년 미국 와이오밍 주의 고생물학자 바넘 브라운이었어. 그는 공룡에 푹 빠져 살았지. 그의 부인은 나중에 '공룡하고 결혼한 사람'이라는 제목의 책을 썼어.

톰: 박물관 사람들은 수를 아주 자랑스러워해. 수가 6천7백만 년 만에 드디어 다리를 땅에 디디고 서게 되었을 때 나도 그 자리에 있었어. 곧게 뻗은 머리, 날렵한 등, 작은 팔은 막 움직이다가 굳어 버린 것 같았지.

루이스: 시카고 박물관이 멀지 않다면 얼른 가서 수를 볼 수 있을 텐데.

톰: 독일에서도 멋진 공룡 뼈대들을 볼 수 있단다.

공룡 사냥꾼들의
발굴 전쟁

세월이 흐른 뒤 두 연구자가 발굴 여행을 떠났다. 마시와 코프는 의견이 늘 일치하는 건 아니었다.

둘 사이에 나날이 경쟁심이 커졌고, 우정은 깨어졌다.

둘은 서로 헤어져 따로따로 화석 탐사에 나섰다. 머리가 잘 돌아가는 코프는 한 인디언에게 자신의 틀니를 보여 주었다.

영리한 마시 역시 다른 인디언에게 정부의 도움을 약속하고 발굴을 허락받았다.

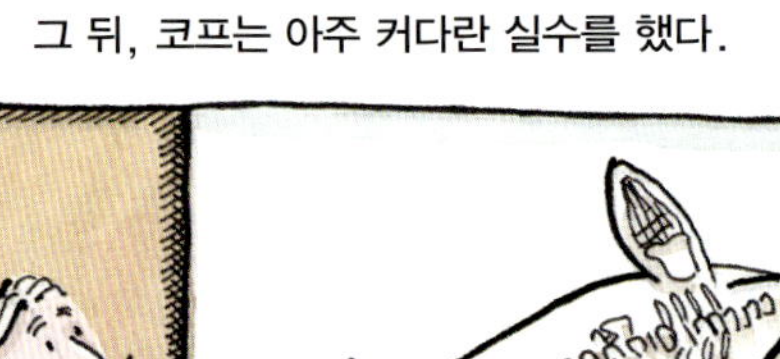

그 뒤, 코프는 아주 커다란 실수를 했다.
짧은 목, 긴 꼬리……
정말 신기한 동물이죠!

마시는 코프를 비웃었다.
저 녀석은 앞뒤도
구분하지 못하는
놈이라니까!

이리하여 둘 사이의 화석
전쟁이 시작되었다.

캐나다
로키 산맥
블랙힐스
솔트레이크시티
미국

한 사람은 흔적을 모두 지우고,
벌써 연말인가?
코프 녀석,
여기서 아무것도
찾지 못할걸.
꽝!

또 한 사람은 상대가 발굴한 것을 엉망진창으로 만들었다
둘은 온갖 수단을 다 써서 싸웠다.
마시 녀석,
실컷
분류해 보시지!
MARSH

이렇게 치열하게 경쟁을 하는 가운데 둘은 140종의 공룡을 발견했다.
그중 몇몇 공룡은 두 번이나 발견했다!
COPE
코프
MARSH
마시
?
?
이 두 맞수의 경쟁은 고생물학에는 행운으로 작용했다!
에드워드 코프 1840. 7. 28. ~ 1897. 4. 12.
오트닐 마시 1838. 10. 29. ~ 1899. 3. 18.
END

공룡
UBERFLIEGER
가장 크고, 위험하고,
멋진 익룡은 누구일까요?
프테로다우스트로

'열려라! 지식 시리즈'에서 익룡을 찾고 있어요

톰: 결승전에 참여하게 된 걸 환영합니다! 중생대에는 익룡이 하늘을 지배했어요. 날개는 가죽으로 되어 있었고, 머리 모양은 아주 특이했고, 이빨은 아주 뾰족했지요. 하지만 이게 누구죠? 그러니까 첫 번째 후보자는…… 이빨이……. 엥? 칫솔처럼 생겼네요.

프투스: 프테로다우스트로예요. 입에 이빨 대신 억센 털이 촘촘히 나 있어요. 고래처럼요. 아주 멋지죠. 몸길이는 거의 1미터, 1억 2천5백만 년 전에 살았답니다.

톰: 그러니까 결승전에 진출한 첫 후보자는 백악기 출신이로군요. 정말 실용적인 부리를 가졌지요. 이들은 아주 미세한 바다 동물인 플랑크톤을 먹고 살았어요. 해안과 해변에서 살았던 다른 익룡들은 몸집이 더 작았고 아래턱이 뾰족해서 물고기를 찾아 잠수할 수 있었어요. 잠깐! 다음 후보가 등장하네요.

프투스의 지식 보따리

익룡에겐 깃털이 없어. 익룡의 날개는 그냥 가죽으로 되어 있었거든. 그 날개로 낮에 태양열을 흡수했지. 익룡이 땅바닥에서 어떻게 걸어 다녔는지는 정확히 몰라. 학자들은 그들이 '네발'로 걸어 다녔을 거라고 생각한단다.

톰: 투푹수아라는 두개골의 길이만 해도 1미터가 넘습니다. 정수리에 있는 거대한 볏으로 태양이 낮게 떠 있을 때 열을 저장하지요. 투푹수아라는 대부분의 다른 익룡들처럼 물고기를 먹고 살았어요. 투푹수아라는 비행 실력이 뛰어나 활주에 능했어요. 하지만 강풍이 불어오면 비행하지 못하고 추락했을 거라고 생각하지요.

'네미'의 정식 이름은 네미콜롭테루스 크립티쿠스
(*Nemicolopterus crypticus*)야. 참새처럼 작은 몸집에 이빨이
없는 익룡이지. 발견된 지 몇 년 안 되었어. 발가락뼈가 구부러져 있어서
가지에 앉기가 쉬웠지. 나무에서 곤충들을 먹고 살았던 것 같아.

툴: 저기 슈퍼 루이스가 아주 커다란 익룡을 데려오네요. 어마어마한
날갯짓으로 공중이 다 들썩들썩하는데요. 슈퍼 루이스, 누굴 데려오는 거니?
몹시 숨이 가쁘구나.

슈퍼 루이스: 착륙시키기가 쉽지 않네요. 케찰코아틀루스 노르트로피예요.
익룡 중 몸집이 가장 거대하죠. 생김새가 마치 행글라이더맨 같아요. 따뜻한
상승 기류를 타고 활주하기엔 이상적인 몸이랍니다.

툴: 우리 홀이 좁을 지경이네요. 그런데 누가 자꾸 내 코 주위를 빙빙 도네.
카리엑스, 좀 쫓아 줄래?

카리엑스: 절대 안 돼요! 네미예요. 아주 오랜 친구죠. 역사상 가장 작은
익룡일걸요. 나처럼 지금의 중국에 살았던 친구예요.

툴: 아, 그렇군. 알았어, 네미.
오늘의 우승자는 바로 너야, 너!

독일 땅에서 공룡 화석이
많이 발견되었어요.
루이스는 아빠와 함께
공룡 탐사 여행을 떠나요.
뮌헤하겐
정체
프랑크푸르트
아이허슈태트
홀츠마덴
졸론호펜
로로싱엔

공룡 여행을 떠나요

"여러분, 중요한 교통 정보를 전해 드립니다. 뷔르츠부르크 방면 A81번 도로를
플라테오사우루스 무리가 지나가고 있습니다. 공룡 정체를 피해가고자 하시는
분은 우회 도로를 이용해 주십시오."

2억 1천만 년 전이라면 교통 방송에서 이런 말이 흘러나왔을 거예요. 물론 그
시대에 인간이 살고 있었다고 가정한다면 말이에요. 자, 이제 출발이에요!
아빠와 나는 독일 남쪽 지방에서 여행을 시작했어요. 내 생일을 맞아 생일
선물 대신 공룡 여행을 떠나자고 아빠를 졸랐거든요. 첫 번째 목적지는 슈바벤
지방의 트로싱엔이에요. 트로싱엔에서는 키가 8미터에 이르는 거대한 초식
공룡인 플라테오사우루스의 뼈대가 자그마치 35개나 발견되었대요. 모두
보존 상태가 아주 좋았다는군요! 트로싱엔 박물관에는 그중 한 개가 전시되어
있답니다. 뼈를 맨 처음 발견한 것은 1909년으로, 아이들이 놀다가 발견했대요.
와우! 이들 플라테오사우루스의 화석은 전 세계 공룡 팬들의 경탄을 자아내고
있답니다.

멋져요! 독일에서는 공룡 화석이 아주 많이 발견되었어요. 우리의 다음
목적지는 바이에른 주 아이히슈테트의 쥐라기 박물관이에요. 1861년에
바이에른 주 졸른호펜 근처에서 최초의 아르케옵테릭스 화석이 발견되었지요.
아르케옵테릭스는 '오래된 날개'라는 뜻이랍니다. 시조새라고 하는
아르케옵테릭스는 파충류에서 조류로 진화하는 중간 단계의 동물이래요.
그래서 파충류처럼 아직 부리 속에 이빨이 나 있고, 날개에는 발톱이 달려
있었어요. 하지만 이미 새처럼 깃털이 몸을 덮고 있었답니다. 제대로 날지는
못했을 거래요.

시조새 아르케옵테릭스는 아주 오래전에 살았어요.

자, 다음 장소는 프랑크푸르트예요. 라디오에서 음악이 흘러나오네요.
아빠가 노래를 따라 불러요. "공룡들은 점점 슬퍼지네. 공룡들은 배에 오를 수
없어……." 노래 속의 배는 노아의 방주를 말해요. 끼이익! 차가 급정차 했어요!
중앙 분리대에 실물 크기의 티라노사우루스 렉스가 입을 벌리고 서 있었어요.
"세상에! 젠켄베르크 자연사 박물관 것인가 봐요." 와우! 공룡 팬이라면
젠켄베르크 박물관 로비 사진을
한 번쯤 본 적이 있을 거예요.
나는 그곳의 거대한 초식 공룡의
목 아래에 섰어요. 공룡 노래가
다시 생각났어요. "공룡들은 몸을
웅크리고 귀를 들이밀어 보았네.
하지만 노아의 방주에는 도저히
들어갈 수가 없어. 불쌍한 공룡들!"

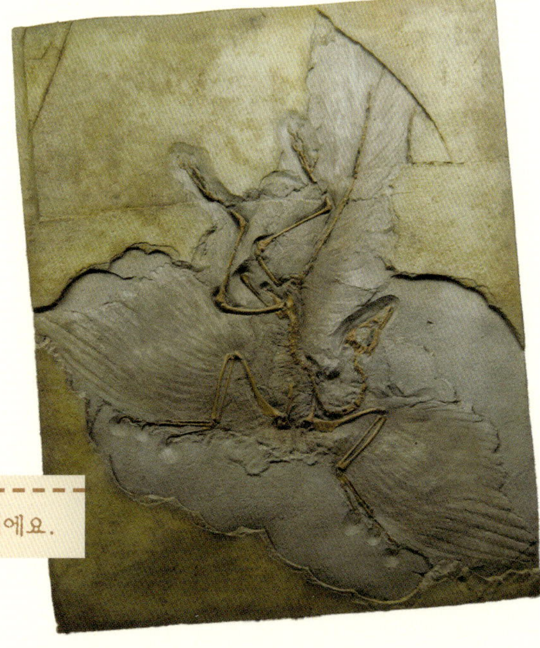

시조새라고 하는 아르케옵테릭스 화석이에요.

우왕! 누가 학교 수업 좀 없애 줘요! 아쉽게도 이제 집으로 돌아갈 시간이에요.
우리는 마지막으로 뮌헤하겐 공룡 공원을 둘러보았어요. 니더작센 주
슈타인후더 호숫가에 있는 뮌헤하겐 공룡 공원은 여전히 발굴 중이에요.
학자들은 이곳에서 공룡들이 싸움을 벌였던 것으로 추정하고 있어요. 영리한
벨로시랍토르들이 몇몇 초식 공룡들을 먹어 치웠다는군요. "정말 그런 일이
있었다고?" 아빠는 혀를 내둘렀어요.

우린 아쉬운 마음을 접고 집으로 돌아왔어요. 전 세계의 공룡 박물관을
모조리 가 볼 수 있다면 얼마나 좋을까요? 나는 인터넷으로 세계 각지에 있는
유명한 공룡 박물관들을 검색해 보았어요. 시카고 박물관에는 필드 박물관이
있다고 하네요. 정말 근사할 것 같아요. 런던의 국립 자연사 박물관에는
티라노사우루스와 트리케라톱스 등 많은 공룡을 볼 수 있어요. 게다가 입장료가
없다네요. 아, 언제쯤 이런 박물관에 가 볼 수 있을까요? 하지만 염려 마요.
우리 엄마 말씀이 뜻이 있는 곳에 길이 있대요. 그 말이 무슨 뜻인지 나도
정확히는 모르지만요.

문제를 푼 뒤, 점수를 더해 보세요.

공룡의 흔적을 찾아다니는 학문은?

▣ 고생물학 ❷

▣ 공룡학 ❶

▣ 고고학 ⓪

해안에서 거대한 발자국을 발견한다면?

▣ 재미 삼아 사진을 몇 장 찍은 뒤 돌려 본다. ❶

▣ 휴대 전화가 없다고? 그러면 발자국의 크기를 재고, 모양을 따라 그려 놓은 뒤, 그 장소를 보호한다. ❷

▣ 없애 버린다! 나중에 사람들이 그걸 보고 무서워하면 안 되니까. ⓪

우연히 영화 광고를 보았는데 티라노사우루스 렉스와 기가노토사우루스가 싸우는 장면이 나왔다. 이 영화를 볼 것인가?

- 절대 놓칠 수 없는 영화다! 무조건 봐야 한다. 영화에서 많은 걸 배울 수 있을 것이다. ⓿

- 잠깐! 크리스마스에 선물로 그 DVD를 받아서 봐도 무방할 것이다. ❶

- 공룡 똥! 완전히 비현실적인 영화다. 티라노사우루스 렉스와 기가노토사우루스는 절대로 만날 수 없었다. ❷

브라키오사우루스가 물속에 들어가 있는 그림이 그려진 우표가 있다. 이걸 보니 무슨 생각이 드는가?
(실제로 있는 우표다. 일러스트레이터가 정신이 없었나 보다.)

- 드디어 찾았다. 네스 호의 괴물! ⓿

- 나 같으면 물에 들어가지 않았을 것이다. 해파리 같은 것 때문에. ❶

- 말도 안 되는 우표다! 브라키오사우루스는 바다 공룡이 아니었다. ❷

퀴즈: 큰 고래와 가장 큰 공룡 중 누구 몸무게가 더 무거울까?

- 고래! 아니, 공룡! 잘 모르겠다. ❶

- 바다 포유류인 고래가 더 무겁다. 아무나 플랑크톤을 하루에 일 톤씩 먹는 건 아니다. ❷

- 물론 공룡이다! 공룡을 따라올 자는 없다. ⓿

공상 영화를 보면 용들이 입에서 김을 뿜어낸다. 공룡도 그랬을까?

- 바깥 기온이 섭씨 0도 이하로 떨어지면 그랬을 것이다. ❶

- 초식 공룡인 사우로포드(용각류)들 중에는 콧구멍 아래쪽으로 피를 펌프질하는 동물들도 있었다. 피가 식으면서 코에서 김이 나왔다. ❷

- 말도 안 된다. 공룡들은 김 대신 불을 토했다. ⓿

뭘 보고 초식 공룡인 줄 알까?

- 이빨 사이에 낀 시금치를 보고. ❶

- 아말감으로 때운 것을 보고. 원시 시대에도 아말감은 있었다. ⓿

- 이빨 모양을 보고. 초식 공룡의 이빨은 날카롭지 않고 무디며 납작하여 식물을 뜯어 먹기에 알맞았다. ❷

공룡 사냥꾼의 하루

톰 '다코타'는 아프리카에서 발굴 작업을 할 때 일기를 썼어요.

04:30 해가 뜨다. 기상해서 아침 식사. 메뉴는 언제나 '베이컨을 곁들인 공룡 스크램블 에그'다. 요리사는 위트 만점이다.

05:30 발굴 구역으로 간다. 내 야전 차량에서 우스운 소리가 난다. 엔진에 모래가 들어갔나?

06:00 이곳에서 사우로포드 한 마리가 숨을 거둔 듯하다. 어제 바닥에서 꼬리뼈가 튀어나왔다. 새로운 종. 나는 그것을 토모사우루스라 부르다. :-)

09:00 화석, 보조 처리사들이 공룡 뼈를 석고로 깁스한다.

11:00 새로운 장소의 공중 사진을 보려고 하는데 인터넷 연결이 원활하지 않아 나중에 하기로 한다.

12:00 엄청나게 덥다. 캠프로 귀환.

14:00 텐트 앞에 쪼그려 앉아 현장 일지를 쏘다. 모두 중요한 발굴을 일지에 정확히 기입한다.

17:00 한바탕 빨래를 하고 램프에 석유를 채운다. 적도에서는 날이 갑자기 어두워진다.

18:30 저녁 식사 후 모두가 둘러앉는다. 누군가가 내 손에 학술 여행기를 건넨다. 우리가 체류하는 지방에 관한 것이다.

20:00 눈이 감길 때까지 여행기를 읽는다. 굿 나잇. 내일 아침 디노 스크램블 에그 시간까지!

미국의 카마라사우루스는 체온이 35.7도였다. 탄자니아의 브라키오사우루스는 38.2도나 되었다. 2011년 미국 과학자들이 공룡의 이빨 화석의 동위원소를 분석해서 공룡의 체온을 처음으로 측정했다.

체온계 준비하기!

엘리베이터를 타고 과거로 간다고 해 봐요.
공룡 시대로 가 본다면 얼마나
흥미로울까요? 하지만 무언가 이상해요.

거대 파충류의 종말

차라리 방에 머무르는 것이 나아. 바깥 공기는 무지무지하게 나빠. 유독한 유황 구름 천지야. 화산이 연달아 폭발했으니 그럴 만도 하지. 연대표를 봐. 네가 살던 시대로부터 6천4백만 년 전. 주변을 아무리 돌아봐도 공룡들은 흔적도 없어.

어찌 된 일일까? 학자들은 공룡 멸종의 원인이 우주에 있었다고 믿어. 지금으로부터 약 6천5백만 년 전에 엄청난 운석이 우주에서 날아와 오늘날의 멕시코에 떨어졌고, 이어 몇천 년에 걸쳐 여러 번 운석이 떨어졌다고 해. 운석과 지구의 충돌로 폭발과 대화재가 일어났고, 그래서 연기구름이 생겨 태양 빛을 막았고, 해안가에 해일이 밀려왔어. 기후는 엉망진창이 되었지. 기온은 점점 내려가고 바다와 육지에 살던 많은 동물이 멸종했어.

커다란 벼룩이 공룡을 괴롭혀서 공룡이 죽었다는 이야기가 있어. 벼룩 때문에 공룡이 다 멸종해 버렸다고 말이야. 그럴 리는 없을 거야. 하지만 피를 빨아 먹는 벌레(흡혈 벌레)들은 실제로 있었어. 흡혈 벌레들은 공룡의 두꺼운 피부를 뚫고 피를 빨아 먹었다는군. 커다란 벼룩은 크기가 자그마치 2센티미터 정도 되었대.

가장 크게 낭패를 본 건 공룡들이었어. 공룡은 따뜻한 날씨를 좋아했어.
하지만 추위가 닥쳤지. 날씨가 추워지자 식물이 자라지 않아 먹을거리가
부족해졌어. 그렇다고 공룡이 순식간에 사라져 버린 건 아니야. 최소 백만 년에
걸쳐 서서히 멸종되었지. 지구 상에서 자취를 감추어 이젠 박물관에서나 구경할
수 있게 되었단다.

운석 충돌이 아니라 지구 상의 화산 활동 때문에 멸종되었다고 보는 학자들도
있어. 화산이 폭발하면 불과 재가 엄청나게 나오거든. 하지만 어떤 일이
있었든지 간에 지구 상의 생물체가 모조리 사라지지는 않았어. 지구에 공룡만
살았던 건 아니거든. 물고기, 새, 포유류는 위기를 딛고 살아남았어.

정온 동물(온혈 동물)은 기후 변화에 강했거든. 게다가 정온 동물은 잘 발달된

턱과 이빨로 먹이를 잘 씹어서 영양소를 더 잘 활용할 수 있었어.

어느 정도 자랄 때까지 어미 배 속에 있을 수 있었던 것도 포유류가 살아남는 데 아주 유리한 조건이었어. 그래서 포유류는 생명 무대의 새로운 스타로 떠올랐지. 자, 이제 현재로 가 보자.

공룡이 우리에게 남긴 것
루이스가 톰 '다코타' 타너에게 묻다

루이스: 공룡은 그렇게 해서 멸종했군요. 애고, 안됐다!

톰: 오늘날의 동물들 중 공룡과 약간 닮은 것이 있단다.
아프리카의 뱀잡이수리(secretaty bird)도 그중 하나야.
뱀잡이수리는 아프리카에 사는데, 날지 못하고
곤충들을 콕콕 잡아먹지.

루이스: 와우!

톰: 상상력을 약간 발휘하면 참새나 비둘기, 까마귀도 공룡과 닮은 구석을 찾을
수 있어. 신체 구조상 비슷한 데가 있거든.

루이스: 육지 공룡은요? 육지 공룡의 친척도 있나요? 악어는 전혀 다른 종류인
것 같은데.

톰: 있어. 초록이구아나라고 들어 봤니? 몸 빛깔이 나뭇잎과 같은 초록색인
파충류인데, 목에서 꼬리까지 가시 모양의 돌기가 있단다.

루이스: 나뭇잎 속에 숨어 있으면 색깔이 비슷해서 찾기 어렵겠어요. 꼬리에
가시 같은 것이 있다니! 조심해야겠어요.

루이스와 톰의 작별 인사

톰: 루이스, 이제 해 줄 이야기가 별로 없구나. 넌 이미 많이 알고 있으니까.

루이스: 천만에요. 선생님은 훨씬 더 많이 알고 계시잖아요! 재미있었어요.

톰: 난 내일 다코타로 떠난단다. 다코타에 흥미로운 발굴지가 있거든.

루이스: 저도 같이 가도 돼요? 공룡 연구자 자질이 있는지 테스트도 해 볼게요.

톰: 그래. 점수가 어느 정도인지 알려 줘 봐. 언젠가 널 부를지도 몰라. 그때 이야기를 더 많이 하도록 하자.

루이스: 좋아요.

공룡을 만날 수 있는 박물관 정보

여러분 주변에 있는 박물관으로 공룡을 만나러 떠나 보세요!

한국

서대문자연사박물관

2003년에 개관한, 서울시 서대문구에서 만들고 운영하는 공립 자연사 박물관이에요.
중앙 홀에는 백악기 육식 공룡인 아크로칸토사우루스가 전시되어 있고, 생명 진화관에는
트리케라톱스와 스테고사우루스, 파키케팔로사우루스 같은 다양한 공룡이 전시되어 있어요.
3층 공룡 공원에서는 살아 있는 듯한 모습으로 재현된 쥐라기 공룡들과 뛰어놀거나 사진을
찍을 수도 있어요. ○ http://namu.sdm.go.kr

목포자연사박물관

2004년에 개관한, 목포시에서 만들고 운영하는 공립 자연사 박물관이에요. 중앙 홀에는
디플로도쿠스와 알로사우루스가 전시되어 있고, 오비랍토르와 프레노케라톱스 새끼 화석이
진품으로 전시되어 있어요. 2009년 전남 신안에서 박물관 학예사가 직접 발굴한 국내 최대
육식 공룡 둥지 화석이 전시되어 있답니다. ◐ http://museum.mokpo.go.kr

지질박물관

티라노사우루스를 보려면 어디로 가야 할까요? 대전에 자리 잡은 지질자원연구원 안에 있는
지질박물관으로 가면 됩니다. 이 박물관의 관장님은 우리나라에서 최초로 공룡으로 박사
학위를 받은 이융남 박사님이에요. 티라노사우루스뿐만 아니라 갑옷 공룡 에드몬토니아와
스테고사우루스 같은 공룡도 볼 수 있어요. ◐ http://museum.kigam.re.kr

고성공룡박물관

우리나라 남해안에서 수많은 공룡 발자국이 발견되었어요. 그중 경남 고성의 공룡 발자국
화석지에는 한국 최초로 2004년에 개관한 공룡 박물관인 고성공룡박물관이 있지요. 중앙
홀부터 각 전시실이 공룡과 화석, 공룡 발자국으로 가득 차 있답니다. 물때에 맞춰 나가면
천연기념물로 지정된 공룡 발자국을 직접 볼 수도 있어요.
◐ http://museum.goseong.go.kr

해남공룡박물관

해남공룡박물관은 공룡 발자국 화석지에 만든 박물관이에요. 고성공룡박물관은 화석지가
있는 해안가의 언덕에 있어요. 그런데 해남공룡박물관은 발자국 화석 위에 지붕을 씌워 만든
박물관이에요. 2007년에 개관한 이 박물관에는 알로사우루스 진품 공룡 화석 등 다양한 공룡
화석이 있답니다. 특히, 박물관 바닥에 전시된 공룡 발자국 중에는 가운데에 별 모양이 있는,
세계적으로 특이한 발자국이 있답니다. ◐ http://uhangridinopia.haenam.go.kr

국립과천과학관

경기도 과천시에 있는 국립과천과학관은 과학 전반에 걸쳐 다양한 전시와 체험이 마련되어
있어요. 하루에 모두 돌아보기 어려울 정도로 규모가 큰 과학관입니다. 공룡에 대한 전시를
보고 싶은 친구들은 박물관 내에 있는 자연사관에 가보세요. 이 책에 실린 '공룡 똥 화석'도
국립과천과학관에 가면 만나볼 수 있어요. ◐ https://www.sciencecenter.go.kr

유럽에서 가장 큰 자연사 박물관인
프랑크푸르트 젠켄베르크 자연사 박물관에
오신걸 환영합니다!

베를린 자연사 박물관

세계에서 가장 큰 공룡 뼈대가 있어요. 바로 13미터 27센티미터나 되는
브라키오사우루스랍니다. ○ www.naturkundemuseum-berlin.de

아우베를레하우스 트로싱엔 박물관

트라이아스기 최대의 공룡 무덤 지역이랍니다. ○ www.museum-auberlehaus.de

하우프 원시 박물관

홀츠마덴 지역에 있는 박물관으로, 쥐라기 바다에 살았던 어룡들이 전시되어 있습니다.
○ www.urweltmuseum.de

젠켄베르크 자연사 박물관

프랑크푸르트에 있으며, 독일에서 규모가 가장 큰 공룡이 전시된 박물관입니다.
○ www.senckenberg.de

아이히슈테트 쥐라기 박물관

◑ www.jura-museum.de

뮌헤하겐 공룡 공원

니더작센 주 슈타인후더 호숫가에 있으며, 아이들을 위한 체험 활동이 많이 마련되어
있습니다. ◑ www.dinopark.de

세계 각 지역

스미스소니언 자연사 박물관

표본 수가 1억 2천4백만 점이 넘는, 미국 워싱턴D.C.에 있는 세계 최대의 자연사 박물관입니다.
◑ http://www.mnh.si.edu

미국 자연사 박물관

영화 '박물관이 살아 있다'로 잘 알려진 뉴욕에 있는 자연사 박물관으로, 세계에서 가장 유명한
공룡 미라가 전시되어 있답니다. 공룡의 피부 화석이 잘 보존된 것이지요.
◑ http://www.amnh.org

티렐 공룡 박물관

캐나다 드럼헬러에 있는 이 박물관은 실제로 공룡이 발견된 중생대 백악기 말 지층 위에 세워진
박물관으로, 박물관이 있는 공룡 공원에서 화석 발굴 체험도 할 수 있답니다.
◑ http://www.tyrrellmuseum.com

영국 국립 자연사 박물관

중앙 홀에 거대한 디플로도쿠스가 전시되어 있는 1881년 런던에 개관한 박물관입니다. 이
박물관은 입장료가 공짜이니 마음 놓고 가 볼 수 있겠지요? 특별전은 유료이지만 말이에요.
◑ http://www.nhm.ac.uk

라임 레지스 필팟 박물관

영국 잉글랜드 라임 레지스에 있는 지역 박물관이에요. 쥐라기 시대 지질층으로 잘 알려진 도싯 해안가의 메리 애닝 생가 자리에 설립된 박물관입니다.

◎ www.lymeregismuseum.co.uk

프랑스 국립 자연사 박물관

1793년 파리에 개관한 가장 오래된 자연사 박물관이에요. 수많은 표본을 비롯해 동물원과 식물원도 함께 있답니다. 많은 공룡이 줄맞춰 전시되어 있어요.

◎ http://www.mnhn.fr/le-museum/

일본 국립 과학 박물관

도쿄 우에노 공원에 있으며, 지하 1층 공룡 전시장에는 티라노사우루스와 스테고사우루스는 물론 유명한 공룡이 많이 전시되어 있어요. 특히, 뿔 달린 공룡의 머리뼈가 많이 전시되어 한꺼번에 비교해 볼 수 있답니다. 박물관 식당에서는 공룡 스테이크도 팔아요.

◎ http://www.kahaku.go.jp

6천5백만 년 전 공룡 멸종

백악기: 1억 4천5백만 년에서 6천5백만 년
전까지

쥐라기: 1억 9천9백만 년에서 1억
4천5백만 년 전까지

트라이아스기: 2억 5천1백만 년에서
1억 9천9백만 년 전까지

해답

13쪽: 끔찍한 갈고리 모양 발톱은
데이노니쿠스(*Deinonychus*)의 것이에요. 전시회에 있어도
좋아요!
뿔은 숫양의 것이에요. 전시회에는 어울리지 않아요!
커다란 두개골은 프로토케라톱스(*Protoceratops*)의
것이에요. 전시회장으로 보내 주세요!
알은 오비랍토르(*Oviraptor*)의 것이에요. 전시회장으로!
공룡은 호주에도 살았지만 그림의 부메랑은 공룡
전시회에는 어울리지 않아요!
인간의 이예요. 역시나 어울리지 않아요!

28~29쪽: 텔레비전, 그랜드 피아노, 우주인, 매머드
두개골, 신전 기둥, 진공청소기

37쪽: 가짜 공룡의 이름을 찾을 수 있었나요? 틀린
것은 페라리사우루스예요. 페라리는 자동차 이름이죠.
드라코렉스 호그와트시아는 정말로 있어요. 〈해리
포터〉에 나오는 용의 이름을 기념하여 공룡에 이런
이름을 붙였답니다.

54~55쪽 : 자질 테스트

9~14점: 공룡 연구자의 자질이 있어! 톰 타너와 함께
공룡 화석 탐사를 할 수 있을 거야.

5~8점: 거의 근접했어. 공룡 박물관에 가 봐. 재미있을
거야.

0~4점: 이 책을 한 번 더 읽어 봐. 도움이 될 거야!

사진 출처

- 젠켄베르크 자연사 박물관 | Senckenberg Forschungsinstiut und Naturmuseum | p. 23, 27, 67
- 베를린 자연사 박물관 | Museum für Naturkunde Berlin | p. 41
- 뮌헤하겐 공룡 공원 | Dinosaurier-park Münchehagen(GmbH&Co.KG) Pascal Bunk | p.12
- 뮌헤하겐 공룡 공원 | Dinosaurier-park Münchehagen(GmbH&Co.KG) | p. 35, 36, 53
- 국립과천과학관 | p.17
- 목포자연사박물관 | p.15
- 서대문자연사박물관 | p. 25, 31, 33, 38, 52, 63, 65
- 백두성 | p. 69

♥ 열려라! 지식 시리즈 〈공룡의 똥을 찾아라!〉에 사진 제공과 함께 많은 도움을 주신
박물관 관계자 여러분께 고마운 마음을 전합니다.

역자

유영미 선생님은 연세대학교 독문과와 같은 학교 대학원을 졸업한 뒤 전문 번역가로
활동하고 있습니다. 옮긴 책으로 〈어린이 대학〉, 〈열세 살 키라〉, 〈교과서 밖 기묘한
수학 이야기〉, 〈청소년을 위한 이야기 과학사〉, 〈내 이름은 리누스〉, 〈늑대 소년 롤프〉
등이 있어요.

감수자

백두성 선생님은 고려대학교 지질학과를 졸업하고 고생물학으로 석사 및 박사 과정을
수료하였습니다. 한국광물자원공사에서 일하다가 현재는 서대문자연사박물관에서
학예사로 일하고 있답니다. 미래창조과학부 위촉 과학창의앰배서더(전현직 과학 기술인들로
구성되어 있으며 과학에 대한 올바른 지식을 전달하기 위해 전국 초·중·고등학교 및 아동 복지 시설 등지에서
초청 강의를 하고 있어요.)로서 초등학교와 교육청 등에서 화석이나 공룡에 대한 과학 강연을
하고 있어요.

공룡의 똥을 찾아라!

글: 폴커 프레켈트 | 그림: 데레크 로크첸 | 옮김: 유영미 | 감수: 백두성

놀라지 마!
메리 애닝은 익티오사우루스와 플레시오사우루스의 화석을 발견했어.
그것도 200년 전에 말이야.
우리도 공룡의 똥을 찾아 떠나볼까?
재미있는 만화와 모험 이야기를 통해 무시무시한 공룡에 대해 알아보자.
준비됐니? 열려라, 공룡의 세계!

파라오, 그런 눈으로 쳐다보지 말아요!

글: 폴커 프레켈트 | 그림: 프리데릭 베르트란트 | 옮김: 유영미

투탕카멘 왕은 신발 수집광이었어. 정말이래도!
고고학자 하워드 카터는 투탕카멘의 무덤에서 신발과 다른 보물들을 많이
발견했어. 물론 투탕카멘 미라도 직접 보았지.
얘들아, 사막 계곡의 신전 여행을 함께 떠나 볼까?
재미있는 만화와 이야기를 통해 고대 이집트에 대해 알아보자.
열려라, 고대 이집트!

오, 신이시여!

글: 폴커 프레켈트 | 그림: 카티아 베너 | 옮김: 유영미

오천 명을 위한 식사를 상상할 수 있어?
오천 명이 먹을 빵과 물고기라면 어마어마 할 텐데.
이 어마어마한 식사를 마련한 이가 누구냐고? 바로 예수님이야.
기적이 일어난 거지. 이것은 기독교에서 아주 유명한 이야기야.
그럼 이슬람교와 다른 종교에는 어떤 이야기가 있을까?
재미있는 만화와 이야기를 통해 신비로운 종교에 대해 알아보자.
열려라, 종교의 세계!